室 内 设 计 工 程 档 案
Selected Interior Design Projects

别墅空间
Villa Space

本书编委会 编
主 编：董 君
副主编：贾 刚

中国林业出版社

图书在版编目（ＣＩＰ）数据

别墅空间 /《室内设计工程档案》编写委员会编. -- 北京：中国林业出版社, 2017.6

（室内设计工程档案）

ISBN 978-7-5038-8975-2

Ⅰ. ①别… Ⅱ. ①室… Ⅲ. ①别墅－室内装饰设计－中国－图集 Ⅳ. ①TU241.1-64

中国版本图书馆CIP数据核字(2017)第087890号

《室内设计工程档案》编写委员会

主　　编：董　君
副主编：贾　刚
丛书策划：金堂奖出版中心
特别鸣谢：《金堂奖》组委会

中国林业出版社 · 建筑分社
策划、责任编辑：纪　亮　王思源
文字编辑：袁绯玭

出版：中国林业出版社　（100009 北京西城区德内大街刘海胡同 7 号）
http://lycb.forestry.gov.cn
电话：（010）8314 3518
发行：中国林业出版社
印刷：北京利丰雅高长城印刷有限公司
版次：2017年6月第1版
印次：2017年6月第1次
开本：170mm×240mm　1/16
印张：14
字数：150千字
定价：128.00 元

目录
CONTENTE

001/ 书香致远..................4
002/ 中海文华熙岸..............10
003/ 东方的自然生活............18
004/ 务本堂别墅................26
005/ 中国梦•中式家.............32
006/ 于•舍....................38
007/ 石浦——宅院..............44
008/ 长源中式别墅..............50
009/ 长沙汀香十里..............56
010/ 万科郡西别墅..............62
011/ 丰宁家园..................68
012/ 西山颐居..................74
013/ 东丽湖揽湖院..............78
014/ 法式奢华..................82
015/ 顺迈别墅样板间............90
016/ 桃花源沈宅................94
017/ 穿透岁月的美.............100
018/ 金地紫乐府...............106
019/ 雅戈尔紫玉台.............110
020/ 西山艺境.................116
021/ 神农养生城B型............122
022/ 漫步水云间...............130
023/ 半山建筑.................134
024/ 仙居和家园私宅...........140
025/ 阳光马德里...............146

026/ 蜀风停苑.................152
027/ 光合呼吸宅...............156
028/ 框景自然.................162
029/ 中航城复式...............168
030/ 人文挹翠.................174
031/ 《路》...................182
032/ 稍纵即逝.................190
033/ 华欣名都17-A.............196
034/ 国玉....................200
035/ 戴斯大卫营...............206
036/ 英伦水岸2号别墅..........214
037/ 虹梅21..................220

001/ 书香致远

项目名称：书香致远 屋华天然
项目地点：福建省福州市
项目面积：360平方米
主案设计：郑杨辉

人们常说："知书达礼"。人的气质需要书的滋养，同样的道理，家的装修不在于"看得见"的奢华，而在于能否锻造出空间的内涵和气韵，正所谓"最是书香能致远，'屋'有诗书气自华。"当人、书、空间三者之间建立起一种紧密的联系，空间就不再是一个纯粹的物质存在，"书"也超脱了"装饰物"的范畴，变成了空间的灵魂和支点。就像本案的业主，他是小学老师，非常喜欢书。对他而言，书是最佳的品味代言。所以他特别强调设计师要帮他打造一个富有"书香气"的家居空间，让这个家的美不再限于表面，而是符合主人对精神文化的更深层次的追求。

本案设计师在洞悉业主的意愿的前提下，将传统文化理解吸收到现代设计当中去。通过对传统文化的再创造，把根植于中国传统文化的书籍、书法、梅花、文竹等古典艺术元素和现代设计语言完美结合，营造一种高雅悠远的氛围。

本案设计师在充分了解业主需求的基础上，精心调配出妥适的格局。净白空间里，由"书"元素延伸出的各种造型、手法，营造出灵气盎然的人文意境。空间适度留白能成就美的篇章，而在适合处填空，也能为空间提升价值。客厅的地板通过光面与哑光面瓷砖的结合来形成一种独特的视觉效果，设计师特意将其切割成不同大小的"书脊"形状，跟墙面形成一体式的造型，而且与"书盒"外观的厨卫连体空间形成呼应，给人浑然一体的构图美感。餐厅旁边的玻璃推拉门既可以隔离油烟，又放大了空间的视野。

002/ 中海文华熙岸

项目名称：中海文华熙岸邓宅
项目地点：广东省佛山市
项目面积：530平方米
主案设计：黎广浓

现代中式风格一直是一个深奥的主题，在这个项目中主创设计师融入了当代设计元素集抽象图形，表达了当代东方的空间意蕴。

此户型为复式楼，一层有较大的入户花园、穿过入户花园直面来的为客餐厅，你会发现客餐厅一面墙采用了木架窗花造型作装饰，不少家私采用了实木做材质，但沙发却采用布艺，意在给空间轻松舒服的氛围，这也许就是设计想要表达的现代中式的韵味，通过新装饰主义去感受国际的文化内涵。

厨房一旁是露天的户外品茶区，便于业主饭后外出聊天放松，同时给主人更自由自在的生活空间，随时随地享受灿烂的阳光。主卧以灰白色为主基调，床头背景的扪布品质感强，艺术画框极具生动性，鸟儿的停留似乎让生活静止下来，加上简单陈设艺术布置，给人极强的东方韵味及舒适感。儿童房以天真活泼色彩亮相，然后床头的油画将一种简单童真又提升到了一个境界。

夹层首先映入眼帘的便是楼梯厅花艺、艺术品及画框的完美结合，给人赏心悦目的感觉。在每一个空间，郑树芬先生将功能性最大作为设计之要求，比如客餐厅、品茶区、拉OK视听室、烧烤区以及三间卧房被规划的有条不紊。这一层将书房和品茶区设计在同一空间，便于业主私密性的聊天。视听室也是这一层的亮点之一，偌大的沙发及电视显示屏给了业主娱乐享受生活的一面。

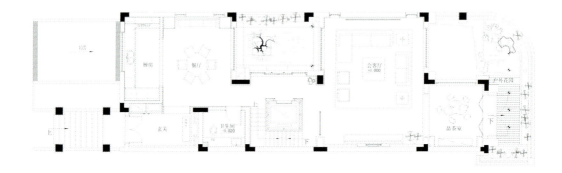

平面布置图

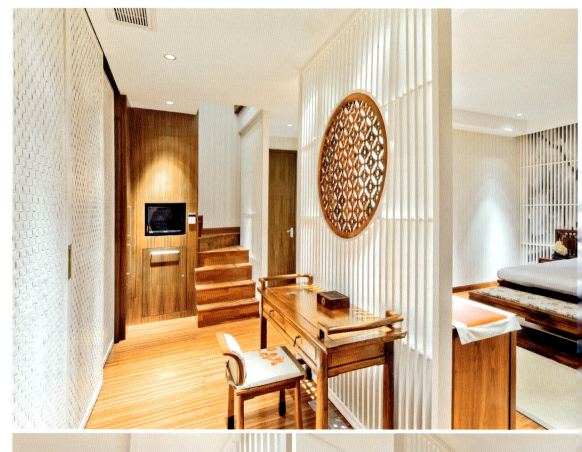

003/ 东方的自然生活

项目名称：追求东方的自然生活品味
项目地点：浙江省宁波市
项目面积：400平方米
主案设计：严海明

在当下中国，快速变化更新的时代，全球文化交杂大汇集，五千年的中国东方文化也大放异彩，在当今回归追求贴近大自然的人居环境也将是人性的回归，东方文化更是来自大自然的提炼；本案大胆尝试把最原始的自然元素、东方古文化以现代简洁设计手法营造出一个充满东方文化氛围、自然、新鲜、闲趣、舒适、健康、令人惊叹的生活家居。

摆脱了中式风格惯有的"沉"、"稳"、"闷"；以"自然"打破精细、雕琢、修饰惯用的设计思路；设计师设计了部分独特的活动家具，启到点睛之笔，使得更好营造了整个环境氛围。

本案建筑设计、室内设计都为同一个设计师，所以从一开始贴近大自然为中心的设计思路贯穿了整个项目设计、施工过程，室内空间布局上，特别预留出占到了建筑面积三分之一的大空间景观阳台、景观大露台，使得居所与大自然亲密接触。三楼空间，隔墙上半部分采用了透明玻璃，使得大屋顶的空间结构完美保留。

选材上的创新点，要属采购廉价的大直径普通原木头，进行精细计算，合理分割制作了楼梯踏步、背景、木地板、茶几、大茶桌等等。

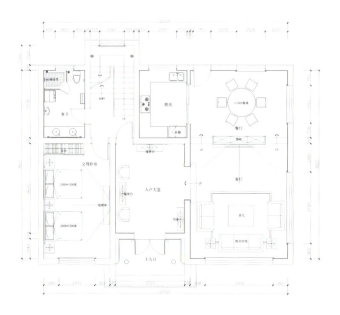

一层平面布置图

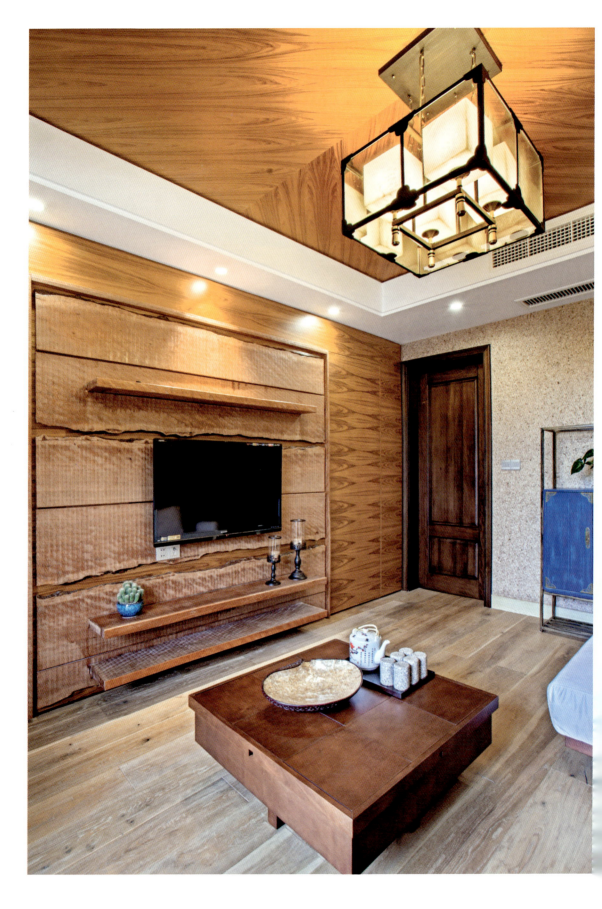

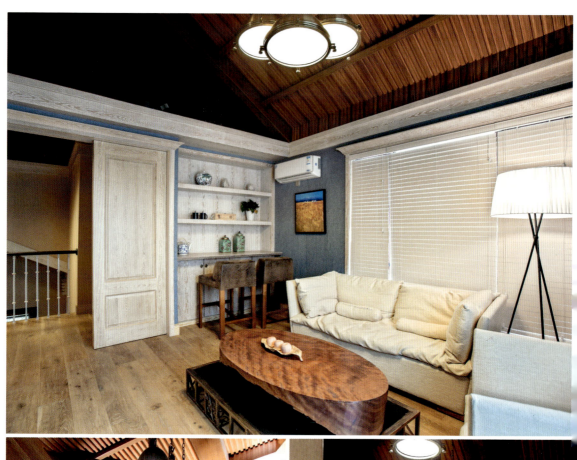

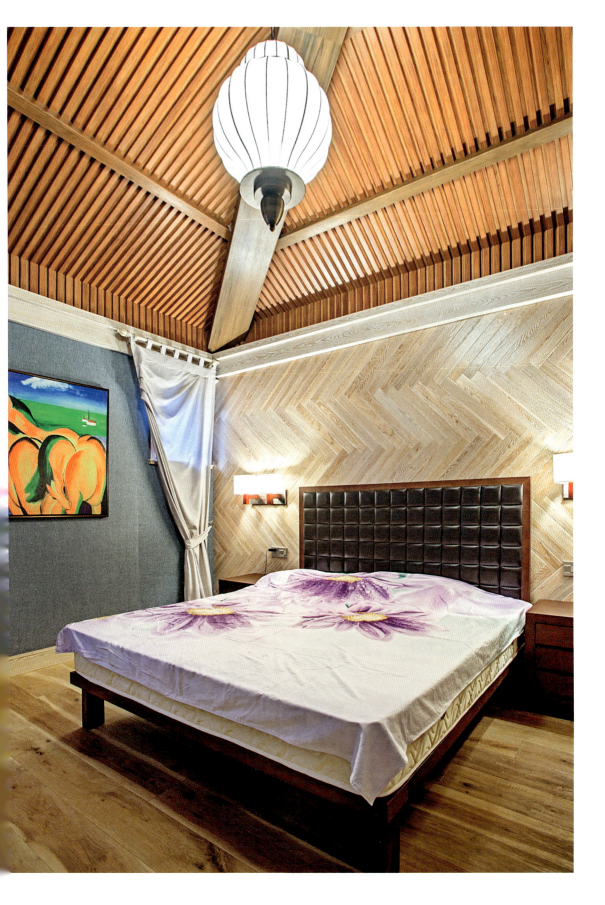

004/ 务本堂别墅

项目名称：苏州务本堂别墅
项目地点：江苏省苏州市
项目面积：1000平方米
主案设计：黄伟虎

由于政府对于大部分控制保护建筑的资金投入有限，很多控保建筑处于残破危房状态。鼓励民间有能力的个人或企业来买断或租赁。同时必须遵从国家对控保建筑相关的法律法规。这样不但可以减轻政府的财政压力，同时也很好地保存了这些有历史文化价值的老建筑。在不改变原有建筑状态的基础上让它发挥新的生命力。

完善原来没有的假山水景与回廊，运用现代手法来塑造古建筑。在保存原有中式风格的基础上，加强了园林式的改造，这样既保持中式园林风味的同时又能符合现代人居的喜好和审美感官。

古为今用、为人服务是这套别墅设计最根本的思想。在内部空间上注入现代的设计思维方式，以期达到古建筑与现代人居生活模式的一个平衡点。

局部采用新型材料及新式工艺，再结合软饰的搭配。有一种旧貌换新貌，枯木又逢春的新鲜感。

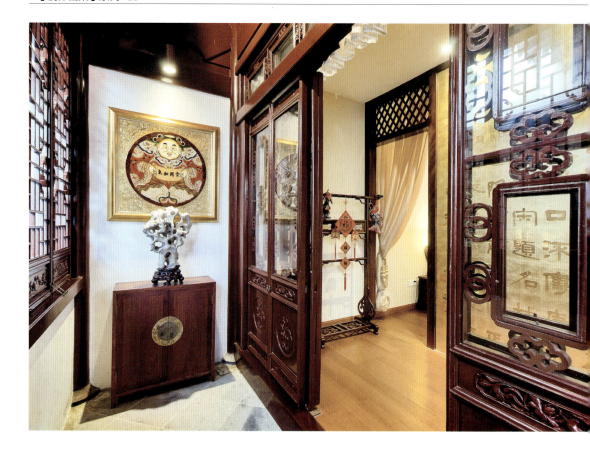

一层平面布置图

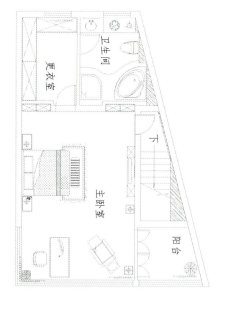

二层平面布置图

005/ 中国梦•中式家

项目名称：中国梦•中式家
项目地点：河南省新密市
项目面积：500平方米
主案设计：王本立&付俊

我们丢弃中国传统文化太久，以至于迷失了自己，可以欣慰的是：越来越多的社会名流、商界精英们开始关注并喜欢中国传统文化了，用《三字经》教育孩子，用《弟子规》打造企业文化，用《道德经》净化自己的心灵，用红木家具装扮自己的家……

本案是一个独栋别墅，主人喜欢收藏红木家具，他希望他的家可以让那些红木家具在这里相得益彰，和谐美好。本案利用中国传统木花格、中式藻井、条案、中国画等，重新提炼，结合现代生活方式，力求达到传统与现代的完美结合，使整个空间雍容华贵、大气典雅。

入口玄关处，红木条案上放着一高一矮两个花瓶，一支干松枝笑迎宾主。步入客厅，首先映入眼帘的是4米多高的白色大理石电视背景墙，设计师运用大理石的自然纹理，拼成了一副气势宏伟的山水画。客厅的四角由八根金丝楠圆柱连接天地，中心天花是红木雕刻的祥云图案，与红木沙发遥相呼应，方正的吊灯洒落下温暖的光芒，高贵尽显。开放式的书房放在了走廊尽头，书香尽可满溢每个房间。

主卧的一副《富贵白头》花鸟画，寓意主人公恩爱天长，白头到老。而天花设计尽显设计师的人性化，其他区域尽可华贵优雅，而床的正上方却全部留白，没有压抑之感，仿佛是为了安放主人公安详无忧的中国梦。

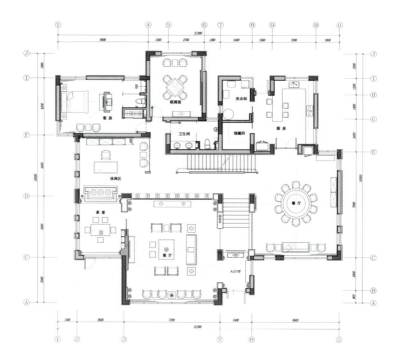

平面布置图

006/ 于·舍

项目名称：于·舍
项目地点：安徽省合肥市
项目面积：425 平方米
主案设计：许建国

当下的生活已在不经意之间被我们复杂化了，多余而繁盛的设计常常会掩盖生活本身的需要，凸显人的精神空无。对于真正理解生活本质的现代人来说，更要倡导内心与外物合一，让生活回归质朴、舒适和宁静。本案设计师从地域环境、人物性格、东方之美出发，充满自然气息和人情味。将中国传统文化与现代生活结合，没有固定的风格只有不变的生活。

通过精细的考量和规划，考虑到业主家人，从老人到小孩，所以在空间划分上也精雕细琢，一层公共空间倡导人文情怀，二层是老人房及客房，注重功能的便捷，三层是主人房空间，注重一体化，四楼女儿房则考虑到业主女儿的留学经历，融合法式风格，中西的完美切合。电梯口的按键设计，采用原木柱，使之突出表现对自然魂才是追随，灵性的阐述。错落有致的格局层次，充分体现人与自然的和谐对话，充分表现悠闲、舒畅、自然的生活情趣。

采用大量的最优温度、最有感情的木质元素和天然材质，力图打造出一个充满自然气息和人情味的空间。原木，原石，一切自然生来自有的材料，随光线变化而变化的条形，柔和且富有生命力，兼具东方之神韵，纯真、宁静、自然，以纯净木色为本案主色调，突出格调清雅惬意。

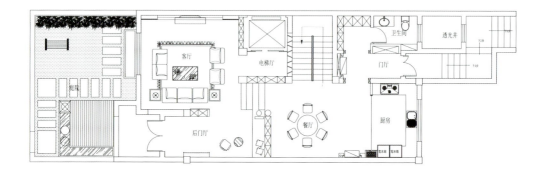

平面布置图

007/ 石浦——宅院

项目名称：石浦——宅院
项目地点：浙江省宁波市
项目面积：700平方米
主案设计：查波

室内设计师能决定建筑结构的机会不多，往往都是在木已成舟的无奈中，继续勉强的去达成设计的期望，而这一次不同……在中央塘村的老街静巷旁，我们展开了对农村典型性透天独栋住宅建筑的另一重探索。

石浦镇，地处东海之滨、象山半岛南端，渔港古村是这里的印象写照。建筑的基地狭长，且是斜坡，四周皆是传统中国农村的典型性自建房，任何有明显风格的建筑都会在这里显得突兀不和谐。白墙黑瓦灰隔断在设计师处理下，比例尺度、颜色对比都显得安静和谐。利用斜坡下方处理成车库入口，上方是朝南的入口，小院面积有限屈曲二十平方米，入口是下沉式水池布置了荷花和锦鲤，一边还有红枫和绿地。整体环境风格上做到了层层有阳台和绿树，层层阳台可以相互互动对话。

相信一栋好到让人充满各种想象的空间意向，就隐藏在这栋家屋几层玄关、阳台和楼梯处上方的一线天内，这个拨开的缝隙揭露了老街坊邻里的空间场景，它不仅因尺度的友善而温暖，也常常蜿蜒曲折提供了不期而遇的生活乐趣，串联起许多共同的记忆。

反顾别墅的设计过程，联合建筑师、材料商和项目经理共同反思传统建筑的问题，总结并提出创造性的解决方案，尺度的紧张感时时挤压着设计的想像，我们必须在无有的生成之间，时时检视空间、素材、光线乃至于生活的建筑与空间品质。使用中国传统材料是设计的一贯坚持，一来既廉价环保易得来，又可以传承千百年来的传统工艺和文化，即使是一块老砖一片老瓦，只要设计师赋予新的设计语言和先进的施工手法，就可以让老材料焕发新生命。

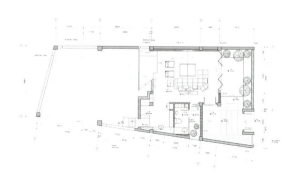

一层平面布置图

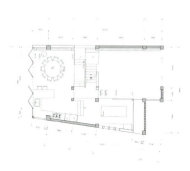

二层平面布置图

008/ 长源中式别墅

项目名称：武汉长源假日港湾中式别墅
项目地点：湖北省武汉市
项目面积：400平方米
主案设计：刘洋

本作品是通过对传统文化的认识，将现代需求和传统元素结合在一起，以现代人的审美需求来打造富有传统韵味的事物，让传统艺术在当今社会得到合适的体现，表达对清雅含蓄、端庄丰华的东方式精神境界的追求。

本作品作为现代人的居住别墅，更加契合业主自身的生活理念，充分体现了业主生活的舒适度以及精神享受。以传统中式结合现代生活需求，更加符合实际生活需要。

本作品保留具有中式特色的天井、庭院，又加入现代生活所需的影音室、休闲间，从风格与功能上更加完美地诠释了中式的魅力。

本作品以较多的木质材质修饰环境，辅以硬包，软装上加以富含中式元素的墙纸、窗帘，具有蕴含古典中式的实木家具承接，更显清雅端庄。

一层平面布置图　　　　　二层平面布置图

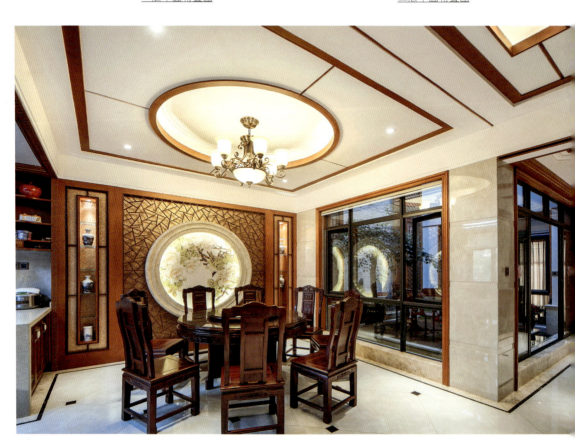

009/ 长沙汀香十里

项目名称：长沙汀香十里
项目地点：湖南省长沙市
项目面积：300平方米
主案设计：陈新

"情景虽有在物之分，而景生情，情生景，哀乐之触，荣悴之迎，互藏其宅"。以情感为核心，物我同一，是中国人理想的生活方式：建立一种人与环境和谐统一的美妙境界，让情感成为中介，将主体的人与客体的空间融合起来。

气韵是通过人们对自然生气的感受，在此转换为对艺术作品的执着追求，室内的器物与摆设的造型和纹饰，表现出的力度、动感、节奏，符合表达的主题。例如柜子、佛头像、客厅的灯座……本空间正是通过这些细节，将中国文化特有的意蕴、气韵融和于其中，使之流转生辉，散发着东方文化含蓄、沉着的气质。

传统的中式风格是本案的设计重点，整个设计疏密有致，空间的装饰风格以沉稳持重为主，在把握空间内在气质的同时将文化的意味化为装饰语言，通过各种材质表现到作品中，是本空间的特色。

客厅在硬性营造上以简约、大气、沉稳为主，主背景墙的大面积砂岩雕饰面与白色的墙面，藏光部分会带来通灵舒适的心境，棕色的太师椅、胡桃木的窗棂，古色古香的摆设带来一份文化的意蕴，客厅中的家具是古代与现代相结合，包括天花上的吊灯，虽简约大方，但仍然处处蕴涵着传统文化元素。厨房和餐厅，形分神连，功能区的划分既完整又主次分明。主卧房从功能到形式，无不体现着尊贵的人居空间的矜贵、高雅。洗手间和卧室的划分形分神连。

平面布置图

010/ 万科郡西别墅

项目名称：万科郡西别墅
项目地点：浙江省杭州市
项目面积：640平方米
主案设计：葛亚曦

  郡西别墅，居万科良渚文化村原生山林与城市繁华怀抱内，背山抱水，拢风聚势，是万科风格精工别墅的巅峰作品。泛东方文化的传统元素为该居所塑造了富有艺术底蕴的尊荣姿态。设计萃取杭州当地西湖龙井的清汤亮叶与桂花的清可绝尘等自然传统文化精髓，辅以罐、钵、瓶、水墨画等东方文化中式元素，回归内在的价值观与文化诉求的同时自然将中式力量呈现。融合并济的多元创新手法，碰撞出了崭新的装饰风格，给人以低调、内敛的艺术品位。

  空间共分为三层。一层门厅以深咖色和米色为主，稳定、质感、暗藏奢华，仪式感油然而生。加上铁艺吊灯、精致瓷器及拉升空间的花艺，增显气场。客厅为满足主人社交的公共空间，质感奢华的绿色和灰色沙发、中式地毯、奢华的摆件和点缀其间的精致花艺，严谨和骄傲的背后，透露着仪式和稀缺感的力量。沙发背后的竖式水墨画，意境清新淡远，给此空间平添了文化历史感。二层为私密的卧室空间，其中主卧以内敛的灰色和墨绿为主色调，墨色花纹壁纸、整齐的画框墙面、简约洗练的边柜，细节所到之处无不体现主人的艺术品位，烘托出空间的品质感。主卧衣帽间在黑色调的基础上加入灰色和金色点缀，呈现出主人的精致与品位。负一层门厅是整座居所的风格浓缩，藏蓝色中式案几、橙黄色现代风格油画、橙色将军罐、精致的花艺、中国传统的石狮和现代镂空铁艺塔在同一空间融合共生。多功能厅以柔软质感的布艺沙发，线条简约的大理石茶几，兼具东方的静谧安逸和简约利落的现代风。

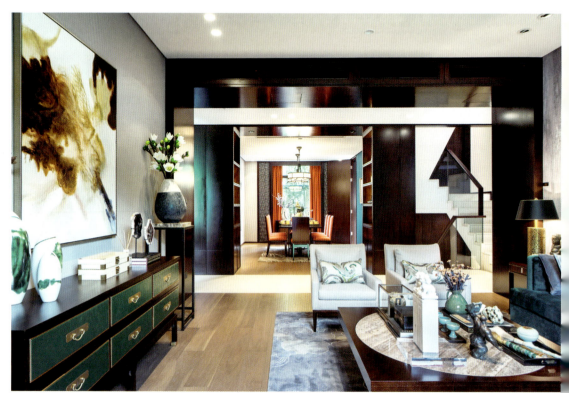

平面布置图

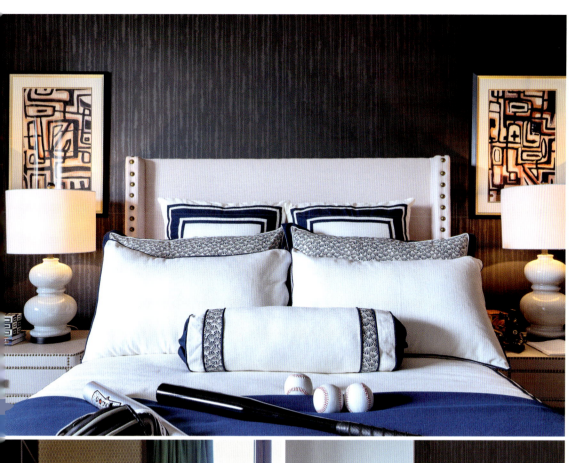

011/ 丰宁家园

项目名称：丰宁家园
项目地点：云南省昆明市
项目面积：230平方米
主案设计：张艳芬

  光鲜的都市生活是令人羡慕的，但压力与繁忙也是这种生活的一个部分，懂得享受才令人鼓舞，生活上的富足，工作上的成就都要平衡，东南亚风格的流行，正是源于人们对都市生活的精神叛逃，渴望回归到自然中去，那些木纹，那些花草，传达出对自然的亲近与崇拜。

  室内造型以直线为主，线条简洁，注重实用功能，格局进行了比较大的调整。优质的天然材质，委婉的东方神韵，为空间带来不一样的享受。家居中融入了精神世界，让家人身心健康，生活得舒适自然，气定神闲，家庭气场和谐，生活有意思也有意义。

一层平面布置图

二层平面布置图

012/ 西山颐居

项目名称：西山颐居
项目地点：北京市
项目面积：300平方米
主案设计：吕爱华

作品对城市需求与价值的独特挖掘角度：此项目地处皇家御苑风景区，地理位置非常优越，设计定位为雅致华丽和轻松闲适并存的混搭风。作品在环境风格上的设计创新点：应业主要求，在保留原有旧家具的基础上，将楼上楼下做了风格区分，灰色楼梯和灰绿色墙面做风格过渡衔接。

作品在空间布局上的设计新点：原有楼梯在户型的正中间，从实用和风水上考虑，封闭原有楼梯口，将多出来的一个卫生间改造成楼梯间。作品在选材上的设计创新点：定制实木线条和壁纸搭配出美式墙板效果，美观又经济，花房采用环保防水墙泥喷涂，色彩和质感自然，而且易打理。

负一层平面布置图

一层平面布置图

013/ 东丽湖揽湖院

项目名称： 天津东丽湖揽湖院
项目地点： 天津市东丽区
项目面积： 330平方米
主案设计： 刘宗亚

本案设计的出发点是为业主打造灵魂的避风港。北欧简约风格，充分利用色彩对比，细节处多用灯光处理，简约而不失温馨。

将二楼眺空的共享空间封闭，打造出和室，供业主休闲娱乐；院落延伸至东丽湖水面成为亲水平台，业主可在湖边垂钓、烤肉，缓解城市生活压力。

设计采用石材、木头等天然材料，贴近自然，与东丽湖风景融为一体。项目满足业主的生活与休闲需求，不仅是业主的温馨居所，也成为友人相聚的理想地域。

一层平面布置图

二层平面布置图

014/ 法式奢华

项目名称：尽享法式奢华之美
项目地点：江苏省昆山市
项目面积：580平方米
主案设计：王春

整体方案在策划方面特别考虑到国人对于法式的接受程度与审美标准，因此在设计策划与市场定位方面为法式新古典奢华风格，需要有一定经济实力与对高品位生活追求的人士才能驾驭。

创作中不断追求创新，不断追求完美，环境风格上摒弃巴洛克与洛可可时期的繁琐造型手法，在本案设计中更多的是提炼经典元素，再与现代材料及现代施工工艺相结合。更加简练大气又不失法式贵气。

布局空间上充分考虑空间的延伸感与视觉延伸感，减少包厢式的感觉，让整个空间在大的同时又具有很强的空间层次感。新的时代、新的材料、新的施工工艺，选材在一楼公共区域更多地采用了奥特曼大理石做墙面造型，地面采用最新的仿石材地砖，顶面局部采用了不同寻常的香槟色银铂做为点缀。

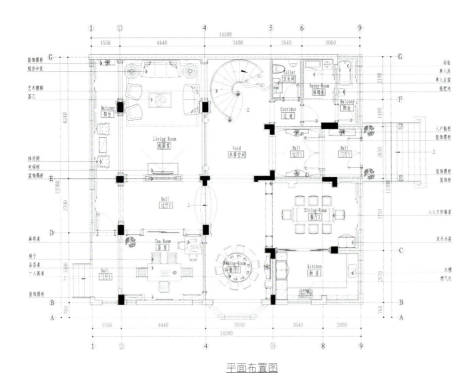

平面布置图

015/ 顺迈别墅样板间

项目名称：顺迈别墅样板间-六号户型
项目地点：黑龙江省哈尔滨市呼兰区
项目面积：515 平方米
主案设计：睿智匯设计

　　顺迈别墅样板间是顺迈集团拓展市场又一高端住宅项目，位于哈尔滨市的呼兰区，设立了两套样板间，睿智匯设计团队在设计过程中，将两套样板间分别着眼于女性和男性的审美角度，造成不同的差异化，让消费者产生独特的购买情绪，而本案正是以男性绅士审美诉求为基点所衍生出的情境空间。

　　本案样板间共有四个楼层，分别是地上三层，地下一层，地上一楼是一家人共同使用时间最长的楼层，有客厅、主餐厅、下午茶区、西式厨房、中式厨房、玄关及停车露亭等。室内部分除了卫生间是独立封闭的空间以外，均为开放式布局，勾勒出具有男人气魄的构图方式和庄重的风格。此楼层设计强调空间感、立体感和艺术形式的综合手段，客厅墙面采用皮革硬包的方式搭配石材，浅色与深色的对比、皮革材质与石材纹路的对比更加凸显静穆而严峻的美。吊顶造型做了现代化的演变，体现于现代构图方式与不锈钢的搭配使用，让空间加入一抹时尚与活力。客厅地毯呼应了空间所有色彩，方块样式具有活泼跳跃感。主餐区与下午茶区相邻，家具使用沉稳的新古典风格，吊顶的设计格外引人注目，设计师将蓝天白云景象植入到空间当中，强调了自然、建筑与人的和谐关系。

016/ 桃花源沈宅

项目名称：杭州桃花源沈宅
项目地点：浙江省杭州市
项目面积：800平方米
主案设计：梁苏杭

住宅类项目做多了，对当下盛行的奢华古典主义等风格就会产生一定的疲劳，脑子空洞，设计雷同。用一些不切实际而又冠冕堂皇的想法去糊弄人恐怕会被贻笑大方，在这个圈子，没有人是傻子，设计师不是，住户们更不是。这一次，我们需要重新定义设计。

什么是好的住宅？什么是好的设计？造型要漂亮，摆设要花哨，功能要齐全，还要高科技，听起来这才符合当代住宅高端大气上档次的审美需求。在繁华的大都市里，这些都无可厚非，这样的住宅是体现人的社会身份和物质层面的重要标签。

可是，抛开形式主义，住宅的另一个名字叫做家。它不应该是冷冰冰的材料，更不是毫无意义的堆砌。它应该是温暖的，有感情的，当你想到它的时候，会有一种从内心滋生出的归属感。所以，这一次，我们将摈弃繁复的肌理和装饰，用鲜活时尚的内涵气韵来重新塑造对生活的情怀与态度。

客厅的空间墙面处理上以实用性和展示性为主，为了不让充裕的空间显得空旷和单调，在重要的显眼的位置都需要做一些心思，起到画龙点睛的作用。相信我，他们要的不仅仅是视觉冲击，更是在发现细微亮点之后的惊喜。

017/ 穿透岁月的美

项目名称：穿透岁月的美
项目地点：江苏省南京市
项目面积：1700平方米
主案设计：陈熠

钟山国际高尔夫别墅位于中国传奇名山——南京钟山脚下，整个别墅区保持了完整的地形、水文、植被的原貌，造就了树影婆娑、花香鸟语、丘陵起伏的独特景观。设计师力争为业主打造一个能代代相传的豪华私宅。

本案为纯独栋绝版景观别墅，中式的庭院与西班牙风格的建筑融为一体，散发着混搭艺术的独特魅力。

鉴于采用对称式的布局设计才能体现出空间的庄重与气派，设计师梳理了整栋别墅的轴线关系。在充分考虑主人入住后的舒适感与便捷度后，最终决定以东西这条横穿线为主轴线，配以纵贯南北的几条辅线，将每个空间的价值都发挥到极致。负一层南北轴线以东为休闲活动区，以西为家政区，业主的私人收藏馆则安置在北面的山体之中。一层东西轴线以南为会客区，以北为较为私密的用餐和办公区域。二层整一层都是主人的休息区及活动区。

禅意的古代家居装饰，龙凤锦鲤图样的紫檀家具，祥云舒展纹路的古董屏风，每一处、每一角都植入了细致的考量。优雅、华美、沉淀，调配出内敛沉稳的东方韵味。意大利的米黄洞石、细纹的大理石，传递着大自然柔软舒展的气息，营造出舒适豪华的氛围，同时通过光线的变幻与色彩的搭配给人轻松明朗的开阔之感。艺术暗花涂料、西式油彩壁画、肌理致密的樱桃木饰面、古董屏风隔断等选材的运用，为空间增添了更内敛的藏世氛围。

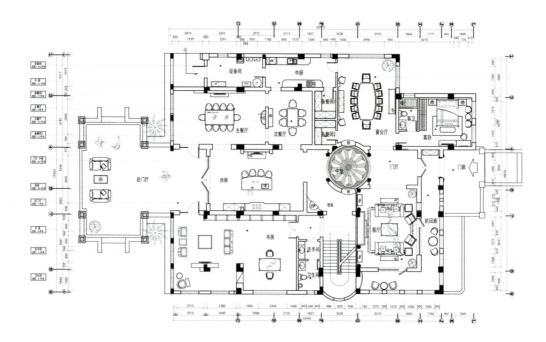

平面布置图

018/ 金地紫乐府

项目名称：金地紫乐府
项目地点：天津市
项目面积：350平方米
主案设计：李新喆

在全球化的影响下，我们可以接触到世界上任何时间、地点的事物。当工艺和创意真实地反应其思想来源时，融合古典元素的设计是前卫的，当把历史以一种创新独特的方法协调在一起，成为一时的潮流时，当代古典设计风格会散发一种永恒感。

餐厅的调光设计可以制造出不同的氛围。走廊的处理是整个项目中鱼的"鳍"部分，具有古典鱼现代的双重审美效果，完全塑造出空间的独特个性。

整体方案主要的材料——石材，在造型上主要使用了石材雕刻的手法，使整个过道的公共空间显得看似简约又不失细节。在其他的空间则运用石材线条整体使空间有贯穿感。

从美学的角度来看，这里的一切都将给人们带来感官上的享受，如果是用一个词来表达，那一定是"激情"。将灵感、创造力完全应用于设计，不被任何因素约束，从而成功地打造了这一理想居所。

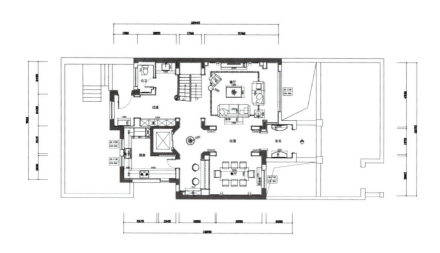

平面布置图

019/ 雅戈尔紫玉台

项目名称：雅戈尔紫玉台
项目地点：浙江省宁波市江东区江东北路
项目面积：500平方米
主案设计：万宏伟

　　本案位于市区的优越地段，项目精巧而高端，仅27套房，每套为500平方米的大平层，定位为高端商住两用总裁级官邸。设计师通过解读建筑空间的特质，希望能做到室内外设计风格的"表里如一"，将之解读为会所式专属空间。

　　解构原有建筑面积的平面功能，梳理大平层空间的动线，分配动静空间的形态，提炼大平层的临江风景优越开阔的视野和人文底蕴、低调内敛暗香浮动的气质，抛开浮华的设计表象，直达内心的感受。

　　我们也想通过这个项目的设计，对高端项目及精英新贵的工作、生活场域有一个新的理解，对专属与定制空间需求有一个新的尝试。

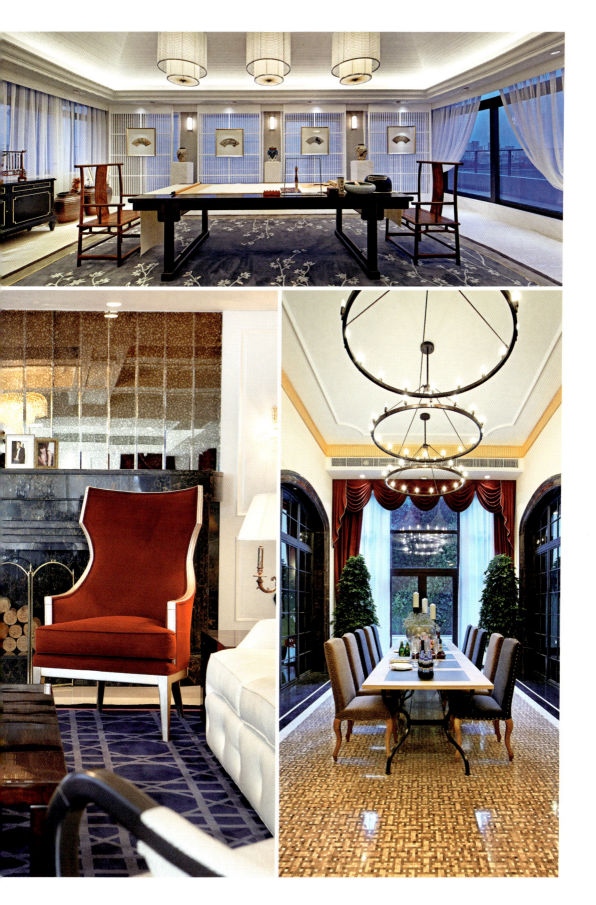

020/ 西山艺境

项目名称： 北京西山艺境13#叠拼下跃样板间
项目地点： 北京市
项目面积： 361平方米
主案设计： 连志明

　　作为北京西一处面向中关村，高新区海淀大学城的高档楼盘，我们将客户设定为有国际教育背景和有海外生活经验的客户群体。

　　有海外生活经验的客户群体，以及具有法国风情的小区建筑与景观环境，使得此套样板间的选择具有中国人生活习惯的空间与色彩属性较强的法式风格。

　　设计师将洋房设计成别墅是此样板间的空间设计重点，地下室为类似私人会所，与家庭娱乐室功能完美结合。餐厅与客厅西厨浑然一体，空间相互借用，书房、更衣室、主卫、主卧动线合理，让此只有300多平方米的空间充满视觉的层次感。

　　鲜明的法式风格主题，中国人习惯的生活方式设置与空间多效性运用。此样板间是客户选择较多的户型之一。

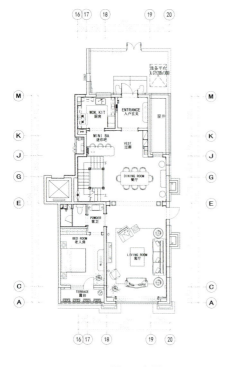

一层平面布置图

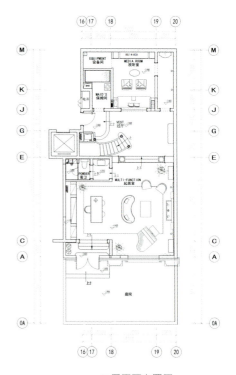

二层平面布置图

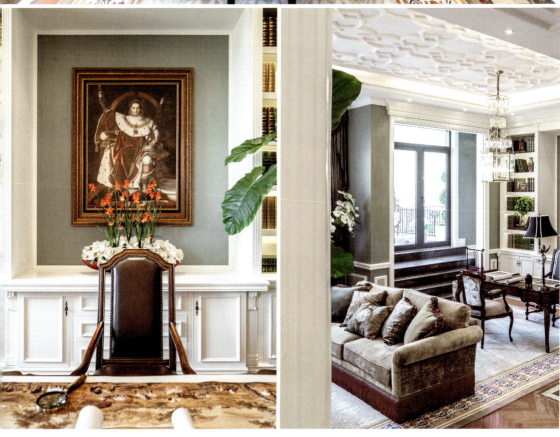

021/ 神农养生城B型

项目名称：株洲神农养生城B型别墅样板间
项目地点：湖南省株洲市
项目面积：600平方米
主案设计：谢剑华

　　本案为房地产项目的样板间。设定的生活主角为儒雅谦卑的君子。他是一名艺术家，但决非放浪不羁。他热爱家庭生活，执着装饰细节，勤于自我学习。他希望家拥有绝对的归属感，而不是媚俗浮夸的广告载体。功能上，他为爱妻准备了精致的SPA，为好友提供了品尝茶茗、红酒的私厨空间。为家人打造了设施完善的桑拿、泳池。同时，他特意设置了对孩子们进行艺术教育的的绘画、陶艺工作室。由此可见他是名君子。因此，我们用象征君子的梅、兰、竹、菊来阐述这所家居的设计特质。

　　空间的比例、尺度、虚实通过精心组合，追求稳重大气、错落有致、虚实平衡的互补关系。从首层玄关走到电梯前水景，一个竖向挑高空间让人豁然开朗，两层高的磅礴雄伟瀑布缓缓而下，汇集于一池荷莲。于水景旁边大理石平台上赏景听瀑品茗，不愧为洗涤心灵之人生乐事。再进入客厅，则拓宽成比例反差巨大的扁平宽敞空间，以适合一家老小在此共享天伦之乐。

　　我们以灰作主调：包括主材的石材、墙纸、木饰面板等。从灰调之中演绎含蓄、低调的变化。让材质色彩在灰调的大环境中对话与互动。材质的选配上，坚持宁缺毋滥，在主材不超过七种的前提下，通过精心的搭配来营造沉稳丰厚的整体效果。软装的配搭上，在遵循统一的空间大色彩基础上，材质、肌理、质地、色彩作适当反差，形成统一但有变化，理智而不失温馨的钢中有柔的完美配搭。

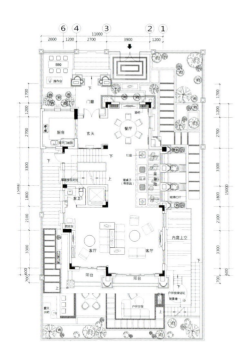

一层平面布置图

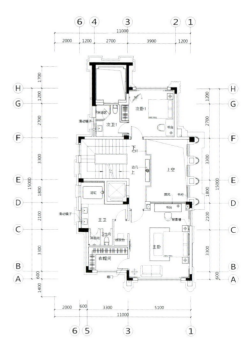

二层平面布置图

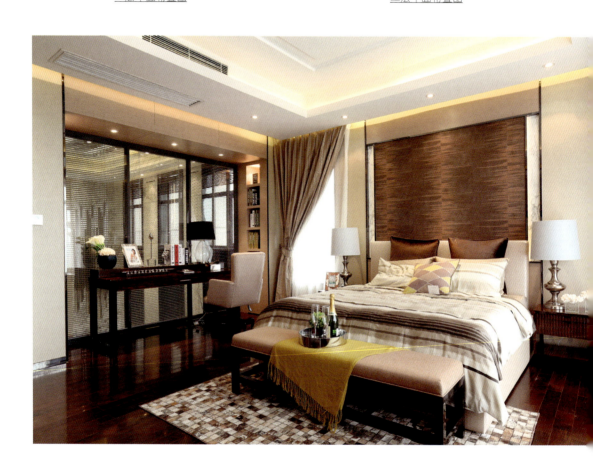

022/ 漫步水云间

项目名称：栖园——漫步水云间
项目地点：江苏省南京市
项目面积：245平方米
主案设计：沈烤华

本案所有的硬装、软装都是由设计师的工作室全权负责的。大到家具、电器，小到晾衣架、装饰画、保险柜，都是工作室全程采购。美式家居风格的这些元素也正好迎合了时下的文化资产者对生活方式的需求，即：有文化感、有贵气感，还不能缺乏自在感与情调感。漫步于云水间，体现的既是一份从容心态，也是一种优雅格调。

结构方面，本案原始户型存在一些问题，墙面多个柱子凸出明显。设计师通过对空间的专业改造，使之更加顺畅，并巧妙地利用阳台的面积，将书房与客厅融为一体，大大地提高了空间的利用率。书房部分，顶部原本有几根大梁，十分突兀。设计师利用大梁的尺寸，专门做了吊顶处理，使大梁成为一个方块的形状，与整个空间的气质相契合，令人犹如漫步水云间。

因为业主夫妇有两个小孩，所以本次设计中绿色环保成了首要考量的问题。为此，家中所有的门、门套、窗套、家具都是设计师专门设计之后再找厂家实木定制的。其次，使用天然的硅藻泥代替墙纸，从而把材料给人带来的不适感降至最低。由于大部分墙面都很干净，没有做过多的造型，所以设计师在客厅、主卧室的顶面别具一格地使用了定制的成品石膏线条，避免了空间的单调感。

储物空间较多，这很好地保证了家庭生活的实用性。因为业主对设计师的信任，本次装修从家具、电器到碗盘、花盆等，均是设计师的工作室全程采购。这样用心的设计与服务，自然令业主夫妇十分满意。

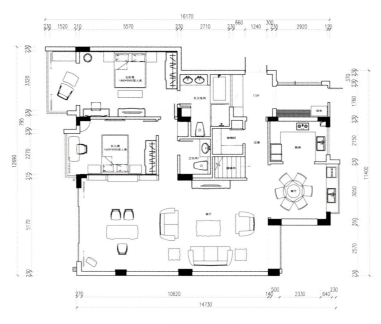

一层平面布置图

023/ 半山建筑

项目名称：半山建筑
项目地点：台湾南投市
项目面积：379平方米
主案设计：杨焕生

这栋建筑位于八卦山台地、视野辽阔、可以远眺中央山脉群山，也可俯瞰猫罗溪溪谷，宁静优雅的文化与风土，随着台湾现代化交通系统与通讯网的便捷，在这半山与都市接轨却无比方便。因此创造与大自然和谐共存，让居住融于自然的空间。

业主委托设计新家时，这栋半山建筑附近均是大片低矮茶园，希望建筑落成时能在室内也能欣赏这份景致。自然流动在其间的不只这些自然元素，包含了人的动线、功能的布局、视线的角度、身体的感触；这一流畅的空间可以孕化一个人身处半山环境身心，并随着空间文法的流动微妙地改变居住者的心灵变化。

室内建筑以清水混凝土墙构筑、室内桧木屏风与室外的孤松，形成光影对话，建筑构法简单及清净但依然讲究建筑所重视的光影、通风与地景的微气候效应。

这肌理曼妙流动于宁静光影空间之中，空间是背景，生活是主体，利用简化格局与宽阔动线拉长空间距离，为了铺成丰富层次，让人难以一眼望尽屋内所有动态，特意配置多道屏风界定空间虚实开合，以定义场域里外属性。

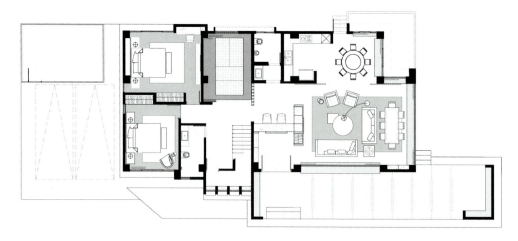

平面布置图

024/ 仙居和家园私宅

项目名称：浙江台州市仙居和家园私宅别墅
项目地点：浙江省杭州市
项目面积：450平方米
主案设计：杨钧

业主是一位年近60岁的单身老人，通过对业主的个人爱好和审美的了解，作为一个成功的商人他还缺少什么呢？我想给这座房子述说一个故事——《光阴的故事》。光阴似箭，岁月无痕。围绕这个主题让主人在自己的房子里轻轻地触摸和感受，从中找到答案。

摒弃很多流行元素，设计师通过光影、自然以及讲故事的能力，利用记忆和现实的交替，营造出意味深长且充分亲近自然又足够舒适、令人愉悦的居住空间。

设计打破原有固定对称布置手法，完全不拘泥于形式，体现自由、开放。用简单巧妙的手法利用原来很难使用的窗户，变成图形和室内相呼应，达到光影效果。在有限的空间特意设计一个玻璃房做为茶室，当电动百叶开启时，入眼便是户外的自然景色，使室内与室外有机结合，让建筑的肺部吸入从外浸润而来的自然气息。使得建筑在林间自由欢快的呼吸。

项目使用老船木和涂料等材质，回归原生态原点，通过最普通的方法表达对生活的态度。通过材质描绘出那一份怀旧的色彩，让人对时间和空间产生无限的遐想。

逃离喧嚣都市并纵情于自然，在居家中慢慢让时间流淌。把记忆作为业主的人文诉求点，让时间流转成为空间的诠释。让每个前来阅读她的人都能感受到他对艺术和收藏的狂热。

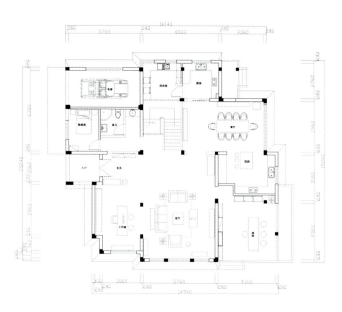

平面布置图

025/ 阳光马德里

项目名称：阳光马德里D型别墅样板房
项目地点：广东省阳江市
项目面积：480平方米
主案设计：5+2设计（柏舍励创专属机构）

别墅位于广东省阳江市城南新区，园林环境以山水文化为载体，创造树环水抱、水岛环绕的景观格局，为繁忙现代都市人提供得天独厚的自然栖息地。针对客户的品位要求，本案以东方文化为主旨，融入现代风格，注重高品质的视觉体验。

设计大量使用黑木纹、黑镜钢、灰色绒布，幽雅柔和的外墙色调和多重优质石材，整体色调偏深。设计师利用建筑结构比例合理的优势，因应瑜伽室、视听室、书房等不同房间的功能需求，将空间划分得错落有致。客厅以组合沙发的形式拼合出一个正方，配以圆形的吊顶环状的灯饰，徜徉其间，品上一口清茶，品味那种"虽由人作，宛自天开"的含蓄悠然，挥之不去的都是传统东方的文化意境；餐厅里的阳光通过布帘透入的光线与灯光交错，为整个用餐氛围增添了活力；视听室墙面镜片的使用从视觉上增大了环境空间，局部采用地灯，光线温馨，柔和黑镜钢的线条感；顶层的瑜伽室气氛静谧，投射下来的光影映衬着四周的条条线线的垂帘，使得整个空间变得轻盈灵动。

整体设计采用正大方圆的形状特征，提炼传统东方的空间意象形态，用简练的现代手法重新进行构建。皇室特有的深蓝色布艺作为空间的点缀，塑造传统东方的文化意境，再配以工业线条感较强的软装，使空间的雕塑感更为强烈。传统的概念与现代的文化有序地融通而各有特性，散落四处的鲜黄花品简约而又不失韵味，点缀其间的几座烛台，在新世界里品味传统意味。

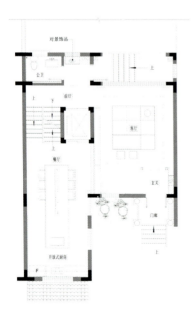

一层平面布置图　　　　　　　　　　二层平面布置图

026/ 蜀风停苑

项目名称：蜀风停苑
项目地点：四川省成都市
项目面积：300平方米
主案设计：郑军

　　本案比邻金沙遗址，整个外建筑充满西蜀风情，在西方文化不断融入的大环境中，不断发展，城市于我们是一个陀螺，不断旋转，设计师运用柔软元素打造此空间。打造舒缓宁静的空间，为家留下一片恬静。

　　中式和欧式的结合，犹如现代人们，洋房西装，卷发红唇，一开口还是纯粹的中国话，到生活本质上不失本真。本案中欧式和中式演绎的淋漓尽致，小脚高细的吧台椅和璀璨琉璃灯，在中式元素——蜀绣、陶艺、白兰花的包围中消去浮华，剩下静好岁月。在城市中，慢下脚步，缓中悟道。

　　本案首先更改入户门厅的位置，延长进门动线，走过小桥水池再进门，给人中式庭院的风味。进入小院首先映入眼帘的是小桥水塘，小桥蜿蜒幽深。楼梯扶手取自中式屏风造型，垂直到顶，和室外小桥的弯曲呼应，一曲一直平衡整个空间。客厅加以扩大，在开阔空间的同时，沙发背景镂空和蜀绣，地面类似祥云图案地毯，软质元素抚大空间的生硬感，达到空间的平和。厨房顶面透光石和室内镂空隔断的运用，软化模糊了空间分割线，空间融为一体，别具一格。儿童房的简单造型，寓意孩子的未来有无限种可能，留一片空白让他自己填写。白和兰的简单搭配。墙面大面积留白，即中国书画中"留白"的手法，空白处非真空，乃灵气往来，生命流动之处。设计师在塑造一个空间，述说一种情怀，心空道亦空，设计现本心。

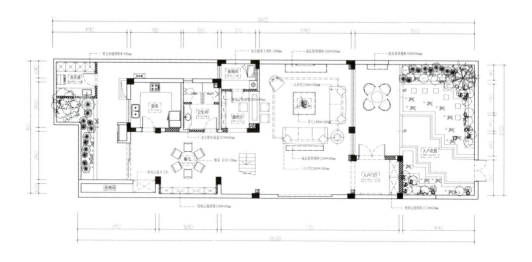

平面布置图

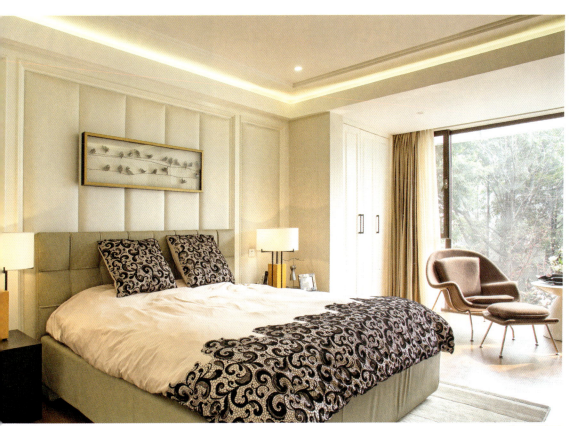

027/ 光合呼吸宅

项目名称：光合呼吸宅
项目地点：台湾桃园县
项目面积：496平方米
主案设计：郭侠邑

  旧建筑、旧格局，非常狭长的空间，但透过生态环保工法的改造设计，让阳光、空气、水都进来了。从开阔、延伸的角度、垂直水平的轴线、虚实轻重的比例，在线性轴线下链接空间舒适而开放的尺度，6.1米长的中岛串连客厅、厨房和餐厅，更是家的凝聚力中心，也连结出家人间的情感。

  阳光、空气、水都是我们人所必要的生命元素，可以把这些元素引进到我们的家庭生活，靠自然去调节光和空气，不要再透过电器设备去控制我们的生活。把生态工法引用到室内设计"家"的范畴中，从最基本的家做起节能减碳，进而影响到社会、国家、全球。人说美食就是一曲美妙的曲子，开放式厨房——长Lounge Bar邀请你入席，桌面冷冽金属银光流淌，高脚椅斜靠，眯眼微倾享受波摩威士忌泥煤粗犷气味的喉韵，温润木质与工业风格铁件的冲突此刻相拥互融，粗犷材质中却显露纤细。节奏渐快，激昂小号将要出声。锅铲间食材在镜面流离奏鸣，转眼好菜装盘匡啷上桌，杯觥之间，生活的追寻尽付如此。

  看着由天井洒落的阳光、听见潺潺流水声、感觉空气中的温湿度、触摸环保天然材质的质感、用心去感受这一切，源自于光合效应的五感生活。利用意、视、触、听、味的五感去体验生活。这才是真正的生活。大量使用天然石材、原木、黑铁、抿石子，让空间呈现最原始自然的元素，以利阳光、空气、水的自然对话。

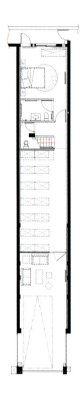
一层平面布置图

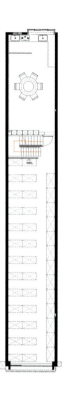
二层平面布置图

028/ 框景自然

项目名称：框景自然
项目地点：台湾台北市
项目面积：516平方米
主案设计：郭侠邑

整个建筑体是地下一层、地上二层，外墙以抿石子及天然石材包覆，让建筑体可以自行调节温湿度及收缩。入口处运用细腻的墙体大小开窗方式，让视觉穿透并赋予内外框景的效果。取法自然的建筑概念，在视觉的导引上，透过前后景的堆栈，兼具维护隐私与美化地景，也营造一处氛围安全隐密却又无比舒适的环境。入口的木质格栅、上方雨遮及大面积开窗设计，计划性地将窗外的绿树、光影吸纳入内，让人可感受到时间的流转与光影的变化。地下室泳池半遮蔽设计安全隐密，迎进阳光、空气、雨水和星月，成为与自然往来的出入口。

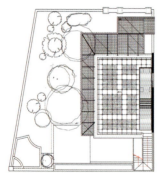

2F

1F 平面布置图

029/ 中航城复式

项目名称：中航城复式A2-5（复古、前卫、混搭）
项目地点：贵州省贵阳市
项目面积：206平方米
主案设计：郑树芬

步入挑高大厅，一盏华丽的水晶吊灯，使空间充满了醉人的淡黄色灯光，富有时尚前沿的地毯，以驼色、黑色、白色交织出律动感，让复古混搭意境表现得活灵活现，展现着东西文化的融合，挑空的玻璃大窗与垂直的窗帘像一位优雅的女子披着金色的长发般美丽。沙发不仅以其古典的深灰色与实木框架结合，其舒适度也是设计师经过精心挑选过。

餐厅的水晶灯也是如此的高贵典雅，其不仅与客厅吊灯相迎合，其形状似乎也与餐桌显得如此的精美和谐，欧式古典的餐椅似乎是整个餐厅的主角，演绎了一段美丽的故事。餐厅的一侧一面的壁柜展示着各式各样的洋酒、红酒；宽敞的厨房里，还特别增加了早餐台，当然当做吧台也不失典雅，似乎优雅少妇一段美丽的邂逅。

二楼明亮的主卧，优雅的大床配以柔软的背景墙，灰褐色的床头及独特的床品留下了空间，微妙而复杂的印花地毯给空间增添了厚重感。漂亮的亚麻墙面抱枕软化了整个空间的生硬感，让卧室在宁静中又不失豪华。浴室内，大理石质地的地板和墙壁，将房间内庄重严肃的质感延伸。

紧邻主卧的儿童房是一个上高中的男孩，采用了驼色与深绿色，将现代和古典元素融入其中，地毯采用了充满活力的图案及具有欧式元素的软装点缀，让房间里增添了几丝俏皮和活泼。

平面布置图

030/ 人文挹翠

项目名称：人文挹翠
项目地点：台湾台北市
项目面积：800平方米
主案设计：张祥镐

都会里的庸碌，使陌生的两人相遇并决定携手共度往后的人生，然当孩子出生之后，生命里多了甜蜜的牵绊，有感于城市里生活狭迫拥挤，因此举家迁徙至邻近大自然的独栋楼宇，展开洋溢幸福的未来日子。

有了阳光照耀的一楼，设计总监大幅度地于墙面及家具留白，任周围的自然景观与光影演绎居家生活的恬静自在，长向的白净钢烤墙面下端嵌入壁炉，衍生自然野性。餐厅、客厅与中岛餐台排列组合，打造视觉的进深层次，厨房场域以灰色石材嵌入黑镜包覆表层，延续于结构柱体调适空间多元媒材的转变，简单而富人文质感。

无窗内引光景的地下一楼，挑高四米五的空间将尺度轴线拉阔，以序列至顶的十字旋转门引申进入室内的迎宾氛围，创造饭店式接待大厅的轩敞气度，黑玻晶透围塑儿童游戏间，运用木质地坪温润孩子席地而坐的馨暖；外侧地面石砖与长廊彼端拼贴粗犷质感的岩石皮层，导入户外自然绿意，自反映虚实景象的天花板悬挂中西韵味混和的吊灯，溢散内敛光晕与点状光源彼此主配衬映，整合一处蕴含时尚况味与朴质自然的入口。

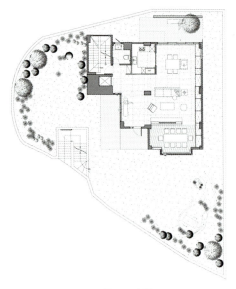

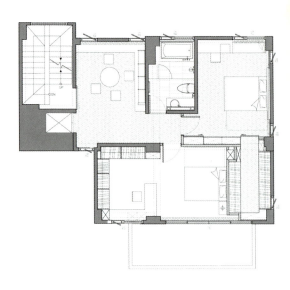

一层平面布置图　　　　二层平面布置图

031/《路》

项目名称：《路》
项目地点：北京市
项目面积：450平方米
主案设计：孟也

之所以将此项目命名为"路"，缘由来自于设计师对客户的真切了解及美好的祝福，两位主人相濡以沫、相互依偎与跟随，无论平坦曲折，一路走来，从年少到白发，共同建造了属于这个家庭的和谐与美好，是空间中需要表达的核心价值。

整个设计中，设计师以现代空间打造的手法，融合中西方感人的审美情趣，赋予空间模棱两可的多元素风格感受，块、面、体、形一气合成，使用上更让空间充满情趣、和美，达成了中国人居最美好的愿景。

空间中重新规划的动线中，在满足了高效使用的同时，恰到好处地体现了这条路的幽远、曲折、起伏与回转，移步一景，体现了进门后内花园的概念感受。设计师在动线设定中有意拉长人的进深运动长度，欣赏沿途风景，曲转之间游走于计划好的视觉感受中。而点睛之处是架在挑空厅之间的桥，在营造了空间情趣的同时，也形成了一条通向住宅内部的捷径，是纪念男女主人以智慧打造人生捷径、走向成功的经历，紧扣项目主题。

在一层的空间规划中，曲径通幽的东方园林理念与路、景观点题结合，突出结构力量感，弱化模糊方向感，营造了一个情趣路径及视觉感受空间，让人在路过时有不同寻常的感受。卧室中，高挑的空间给了云朵灯更多飘摇的愿望，日本设计师给灯赋予了东方特有的细腻感受。空间主要家具全部为中国艺术家们精彩的作品，充满东方审美情趣，并不时结合西方印象，与国外设计师的小件配饰家具呼应，成为空间国际化印象的重要组成部分。

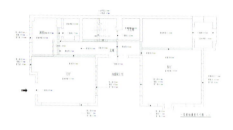
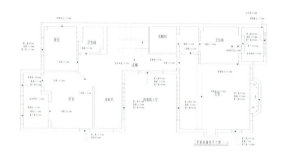

一层平面布置图　　　　　　　　　　　二层平面布置图

032/ 稍纵即逝

项目名称：稍纵即逝
项目地点：台湾新北市
项目面积：135平方米
主案设计：吕秋翰

藉由天光的变化使都市人体会时间，放慢脚步。

有了天窗，使得此空间的白，随着不同时间色温不断改变，从而感受时间经过；在匆忙的都市生活中，由此感受步调，停下脚步。

区隔空间的墙面，置换成所需的机能物件，以看似摆设的方式呈现空间立面的节奏，形成一种被划分的自由空间，无拘无束的动线方式。

白色的磨石地砖，用此材料来取代能够呼吸的木材。

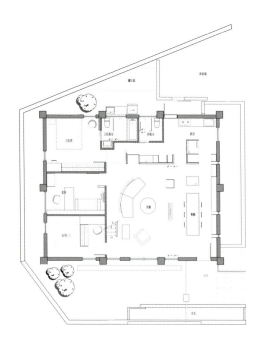

平面布置图

033/ 华欣名都17-A

项目名称：华欣名都17-A
项目地点：浙江省金华市
项目面积：440平方米
主案设计：徐梁

针对时尚、年轻的家庭的居住环境，满足当代社会的时尚群体的需求，对生活的态度、艺术的自由做了新的诠释。整体墙地面运用了硬朗的石材与特质木地板的结合，让居家在环境上表述硬朗的同时也有柔软温馨的一面，随意散放的摆件品提升空间的内在气质，也展现出主人的自我品味。

穿透式的整体布局，扩大了一层的视觉效果，对室内楼梯位置进行的变化与改造，让每个空间的对话更加直接、简洁明快。

特质实木地板铺设在楼梯空间，墙面从底层贯穿到顶层楼板，整个楼梯扶手采用了透明的弧形玻璃，使空间更为灵巧。

034/ 国玉

项目名称：国玉
项目地点：台湾新北市
项目面积：635平方米
主案设计：俞佳宏

　　本案坐落于新北市，整体空间结构为复层结构，设计将复层互动的空间架构，各自独立亦相互串连人文禅风的大器风范。

　　在空间上，整体空间分为2栋，布局上每层空间各自独立而鲜明。

　　在选材上，大面积的清水模，石皮与铁件的搭配，使空间沉稳大器。

一层平面布置图　　　　　　　　　二层平面布置图

035/ 戴斯大卫营

项目名称：戴斯大卫营
项目地点：重庆市九龙坡区
项目面积：500平方米
主案设计：梁瑞雪

本项目是一企业老总在仙女山上的度假别墅。原建筑是两套双拼别墅，现将其改造为一套独栋别墅。业主要求的功能是休闲、度假，在具有普通住宅应该有的功能以外，还要有接待、会议、洽谈、娱乐等具有企业会所性质的功能。

一层的功能为接待，我们全部安排为开敞空间，包括餐厅厨房也都具有接待功能。二层为半开放空间，设置了会议室和娱乐室。三层四层为卧室，因为兼具接待客房，所以参照酒店客房设计标准充分考虑了功能性私密性等问题。

因为是度假别墅，在风格定位上我们首先倾向于轻松、随意、清新自然。同时业主领导的企业是重庆市房地产销售行业的冠军，锐意进取、"狼性"十足，既然这栋别墅要兼具企业会所的功能，我们就要在其中加入坚毅、阳刚的企业精神。基于这些想法，我们打造的是一个混搭的空间。硬装比较简单，是开放和包容的，让轻松休闲、坚毅阳刚能在其中和谐共存。当然简单之中其实是有很多复杂的考虑的，如拱券的形式、窗型样式、室内外对景关系等等。为了使挑高的客厅顶面有视觉焦点，用木梁弯曲成拱形屋架，使空间稳定。除此之外很少有其他无意义的造型，只有各卧室有一些造型，是为了隐藏结构大幅度拆改后出现的短肢柱、大梁等建筑构件。

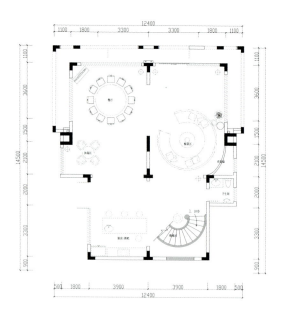

一层平面布置图

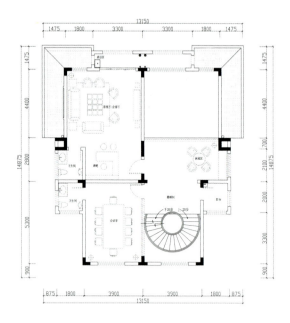

二层平面布置图

036/ 英伦水岸2号别墅

项目名称：英伦水岸2号别墅
项目地点：浙江省宁波市
项目面积：580平方米
主案设计：葛晓彪

黑格尔说"想象是一种杰出的本领。"正如跨界设计师葛晓彪，对于设计始终执着于原创的个性，以打造时尚、经典、高雅的设计思路来"品读"别墅。

这幢英伦格调的别墅，以经典潮流又带点轻奢华的品质来表达。在设计制作中奉行环保节能要求，将很多原生态的材料和智能系统融入其中。

精美的门扉，将原本平淡的墙体无限地拉向远方，仿佛既在门里又在门外；客厅的背景以英国诗人拜伦勋爵的爱情诗歌作主题，通过精巧的木刻制作，呈现出犹如翻阅的书籍般立体效果，格外别出心裁；而二楼东边的卧室以紫色作为主色调，显得高雅性感，呈现了浪漫的造梦空间；西边的廊道以大面积藏蓝色饰面碰撞玫红色的壁柜，强列的对比效果让人兴奋；深色调的休闲厅显得那么安静，当你坐在白色的沙发，喝上一杯咖啡，看看窗外的美景，让人产生无限的遐想……

他的每一处空间，每一个创作，每一丝微小细节都没有放过。好多的家具和道具都是设计师亲手设计与制作，是那么的独一无二，身处其中细细品味，仿佛置身在异国世界，讲述了一种别样的精致生活。

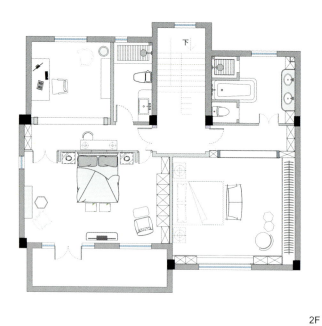

2F

平面布置图

037/ 虹梅21

项目名称：虹梅21
项目地点：上海市闵行区
项目面积：420平方米
主案设计：孙建亚

这是一个老别墅改造项目，整体设计包含了建筑外立面改建部分。这样一种从外观一直延伸至室内的整体设计方案，正是设计师最期待的。老房子本身存在空间结构和建筑外立面的不合理性，这对设计师来说，是前所未有的考验。

本案业主背景为境外时尚广告创意人，业主崇尚极简主义。一栋有着二十年屋龄的坡屋顶别墅，要改造设计成极简的建筑风格，是对设计师极大的挑战。设计师对建筑及外立面的进行了较大的修改，把原有的斜屋顶拉平，并且把外凸的屋檐改建为结构感很强的外挑，并以方盒为基础的设计理念，重新分割成功能性较强的露台或雨篷，既增强了建筑的设计感，又增大了空间的实用性。

在室内部分，设计师剔除了一切多余的元素及颜色，利用墙面的分割达成空间的使用机能。不同角度倾斜的爵士白大理石拼接，成为空间的主角，同时，它作为突出家具空间的背景，又不会过于张扬，成功地精致化了材料细节，但又不会过分地分散空间注意力，从而让视觉均匀地停留在整个空间内。室内多处利用了建筑的手法，客厅电视墙利用吊顶灯沟形成的间接光，延伸至墙面开槽通往户外，独立了左侧电视墙的块体。在右侧，设计师利用了黑色不锈钢书架成功地分割挑空区与电视墙的界面。屋内所有房间均未使用门框，仅利用墙面的分割来完成并隐藏功能性较强的门片，楼梯间的光线设计成内嵌在墙面，大小不一的气泡，有种拾级而上的互动，并与外立面协调一致。

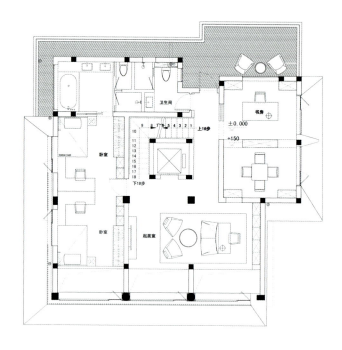

平面布置图

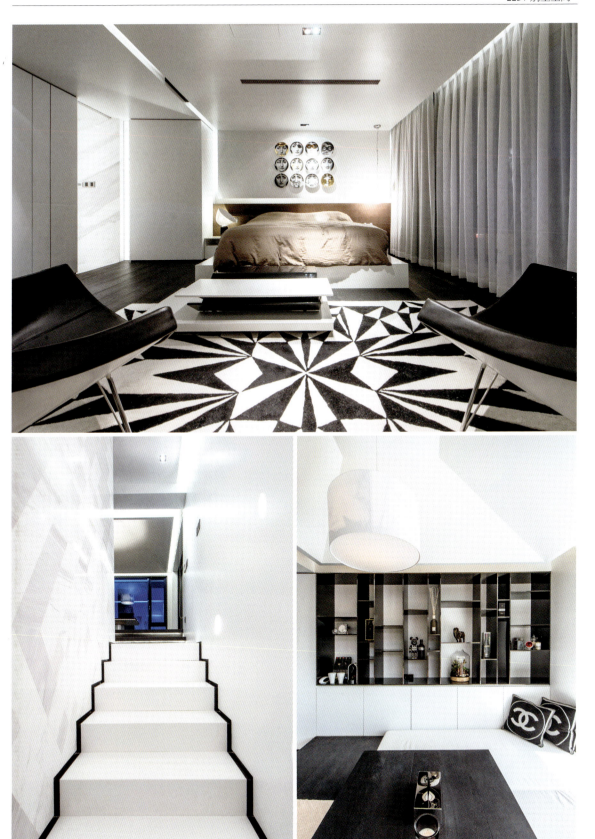